BEI GRIN MACHT SICH IHR
WISSEN BEZAHLT

AF135808

- Wir veröffentlichen Ihre Hausarbeit,
  Bachelor- und Masterarbeit

- Ihr eigenes eBook und Buch -
  weltweit in allen wichtigen Shops

- Verdienen Sie an jedem Verkauf

Jetzt bei www.GRIN.com hochladen
und kostenlos publizieren

Bibliografische Information der Deutschen Nationalbibliothek:

Die Deutsche Bibliothek verzeichnet diese Publikation in der Deutschen National-
bibliografie; detaillierte bibliografische Daten sind im Internet über http://dnb.d-
nb.de/ abrufbar.

Impressum:

Copyright © 2014 GRIN Verlag
Druck und Bindung: Books on Demand GmbH, Norderstedt Germany
ISBN: 9783346140449

Dieses Buch bei GRIN:

https://www.grin.com/document/520489

Elena Nicola Jenner

Simulation einer rollenden Kugel auf einem sich bewegenden Wagen

GRIN Verlag

GRIN - Your knowledge has value

Der GRIN Verlag publiziert seit 1998 wissenschaftliche Arbeiten von Studenten, Hochschullehrern und anderen Akademikern als eBook und gedrucktes Buch. Die Verlagswebsite www.grin.com ist die ideale Plattform zur Veröffentlichung von Hausarbeiten, Abschlussarbeiten, wissenschaftlichen Aufsätzen, Dissertationen und Fachbüchern.

Besuchen Sie uns im Internet:

http://www.grin.com/

http://www.facebook.com/grincom

http://www.twitter.com/grin_com

Studienarbeit

Im Rahmen des Studiums des

Internationalem Technischen Vertriebs an der

Hochschule Aalen

Sommersemester 201−

Simulation einer rollenden Kugel auf einen sich bewegenden Wagen

Eingereicht von: Jenner, Elena

Aalen, den 20.05.2014

Inhalt

1. Einführung

Simulation stammt vom Lateinischen und bedeutet Erheuchelung, Vorspiegelung. Es ist die Nachbildung eines Systems mit seinen dynamischen Prozessen in einem Modell, mit welchen man zu Erkenntnissen gelangen soll, die auf die Wirklichkeit übertragbar sind.[1] Im deutschen Museum in München befindet sich in der Abteilung Physik das *Kugel-Wagen-System* mit folgendem Versuchsaufbau:

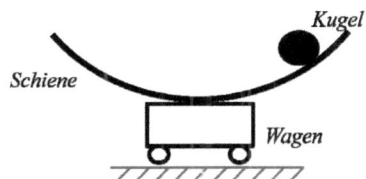

Abbildung 1: Das Kugel-Wagen-System[2]

Die Kugel rollt auf einer kreisförmigen Schiene auf dem Wagen, welcher sich in horizontaler Richtung bewegen kann.

Das System ist Teil der Vorlesung Kinematik/ Kinetik und Ziel der Aufgabe ist es, das Modell um die Reibungskräfte zu erweitern. Das Systemverhalten wird mit Berücksichtigung der Reibungskräfte mit dem Programm Matlab simuliert.

Die Ergebnisse der Simulation mit und ohne Reibung sollen verglichen werden.

Das Simulations-Programm *Matlab* wird hauptsächlich zur numerischen Lösung von Problemen eingesetzt.

Matlab leitet sich von *matrix laboratory* ab, welches den Ursprung des Programms beschreibt - die Matrizenrechnung. Bei der Beachtung der Reibungskräfte beim *Kugel-Wagen-System* können die entsprechenden Gleichungen mit dem Einsatz von Matrizen sinnvoll gelöst werden.[3]

Für die (Simulations-) Aufgabe wird die *Student Version MATLAB R2014a* benutzt.

---

[1] Höhne, J: *Ein zustandsinhärentes Objekt- und Programmiermodell zur Simulation natürlicher emergenter Prozesse – Nutzungsmöglichkeiten von Multiagententechnik für die schulische Bildung,* unter: http://d-nb.info/986977799/34, S. 42 (Stand: 15.06.2014).

[2] Wegmann, F: Skript Kinematik und Kinetik, Kapitel 2.4, *Systeme aus mehreren Massepunkten,* S.37.

[3] Kutzner, Rüdiger und Schoof, Sönke: *Matlab/ Simulink- Eine Einführung,* Leibniz Universität Hannover, 5. Auflage, Dezember 2012, Seite 1.

2. Grundlagen

2.1 Das Kugel-Wagen-System

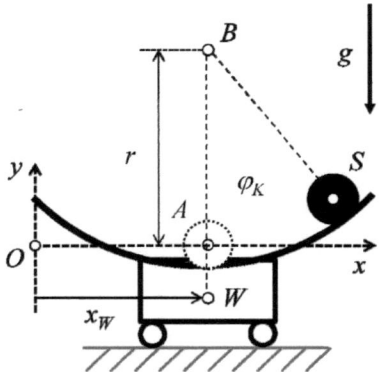

Abbildung 2: Das Kugel-Wagen-System[4]

In dem *Kugel-Wagen-System* kann sich der Wagen in horizontaler Richtung bewegen, seine Position wird über die x-Koordinate des Schwerpunktes beschrieben durch die gesuchte Funktion $x_W(t)$. Die Kugel befindet sich auf einer kreisförmigen Schiene und lenkt sich, während der Wagen sich bewegt um den Winkel der gesuchten Funktion $\varphi_K(t)$ aus. Dieser entsteht durch die Auslenkung der Strecke A (Schwerpunkt der Kugel) und B. r ist dabei die Länge der Strecke. Um zu erfahren, welche Kräfte in dem *Kugel-Wagen-System* wirken, muss folgendes beachtet werden: Ein System, das aus mehreren Punktmassen besteht, ist freizuschneiden.[5] Folglich muss sowohl die Kugel als auch der Wagen freigeschnitten werden.

[4] Wegmann, F: Skript Kinematik und Kinetik, Kapitel 2.4, *Systeme aus mehreren Massepunkten*, S.37.
[5] Wegmann, F: Manuskript Kinematik und Kinetik, Kapitel 2.4, *Systeme aus mehreren Massepunkten*, S.29.

3. Aufstellen der Systemgleichungen

3.1 Freischneiden Kugel und Vektoraufstellung

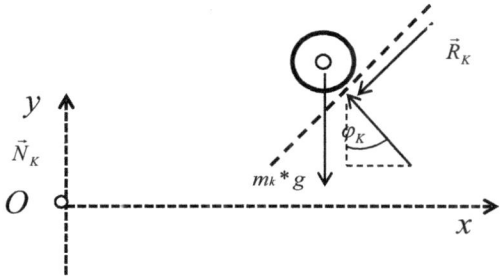

Abbildung 3: Freigeschnittene Kugel

Diese Darstellung zeigt die freigeschnittene Kugel und die Kräfte, die auf die Kugel in dem *Kugel-Wagen-System* wirken. Orthogonal zur Berührungstangente oder Ebene wirkt die Normalkraft $\vec{N}_K$. Die x-Richtung dieser Kraft errechnet sich mit dem Sinus und dem Winkel φ_K: $N_x = N \ast \sin \varphi_K$. Die y-Richtung somit mit dem Cosinus und dem Winkel φ_K: $N_y = N \ast \cos \varphi_K$. Die Gewichtskraft $G = m_k \ast g$ (m_k ist dabei die Masse der Kugel) wirkt vom Schwerpunkt der Kugel aufgrund der Erdanziehungskraft g vertikal nach unten. Da zwischen zwei sich berührenden Massenpunkten immer Reibung besteht, wird diese Darstellung mit der (Roll)Reibungskraft $\vec{R}_K$ ergänzt. Die x-Richtung dieser Kraft errechnet sich mit dem Cosinus und dem Winkel φ_K: $R_x = R \ast \cos \varphi_K$. Die y-Richtung somit mit dem Sinus und dem Winkel φ_K: $R_y = R \ast \sin \varphi_K$. Die (Roll-)Reibungskraft wirkt grundsätzlich immer entgegen der Richtung der Relativgeschwindigkeit.

Die entsprechenden Vektoren sehen folgendermaßen aus:

Normalkraft $\vec{N}_K = \begin{pmatrix} -N*\sin\varphi_K \\ N*\cos\varphi_K \\ 0 \end{pmatrix}$

Reibungskraft $\vec{R}_K = \begin{pmatrix} -R*\cos\varphi_K \\ -R*\sin\varphi_K \\ 0 \end{pmatrix}$

Gewichtskraft $\vec{G}_K = \begin{pmatrix} 0 \\ -m_k*g \\ 0 \end{pmatrix}$

Da die Reibungskraft R proportional zur Normalkraft N ist, resultiert:

$$R = \mu_R * N * \text{sgn}(\dot{\varphi}_K)$$

μ_R ist der Rollreibungskoeffizient

sgn ordnet der Winkelgeschwindigkeit $\dot{\varphi}_K$ das Vorzeichen zu. Dabei gilt:

Wenn φ_K größer wird, ist $\dot{\varphi}_K > 0$. In diesem Fall bewegt sich die Kugel nach rechts und die Kraft R wirkt so, wie in Abbildung 3 dargestellt. Demnach ist die Größe R > 0.

Wenn φ_K kleiner wird, ist $\dot{\varphi}_K < 0$. In diesem Fall bewegt sich die Kugel relativ zum Wagen nach links und die Größe R muss genau entgegengesetzt zur eingezeichneten Richtung in Abbildung 3 wirken. Dies erreicht man durch sgn($\dot{\varphi}_K$), wodurch die Größe R im Vektor mit -1 multipliziert wird.

3.2 Freischneiden Wagen und Vektoraufstellung

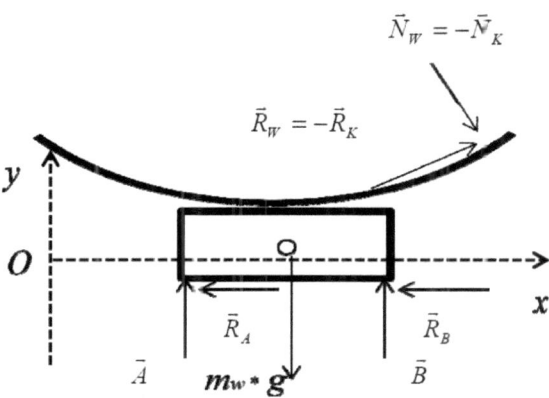

Abbildung 4: Freigeschnittener Wagen

Diese Darstellung beschreibt, welche Kräfte in dem System auf den freigeschnittenen sich bewegenden Wagen wirken. Wie bei der Kugel wirken auch hier die Gewichtskraft G= m_w*g (m_w ist die Masse des Wagens), die Normalkraft $\vec{N}$ w und die (Roll-)Reibungskraft $\vec{R}$ w. Die Normalkraft und die (Roll-) Reibungskraft des Wagens wirken entgegengesetzt zur Normalkraft und (Roll-)Reibungskraft der Kugel.

Es gilt:

$\vec{N}$ w = - $\vec{N}$ ᴋ und $\vec{R}$ w = - $\vec{R}$ ᴋ

Da der Wagen selbst auf einer Fläche steht, wirken außerdem noch die Normalkräfte $\vec{A}$ und $\vec{B}$ und die entsprechenden Reibungskräfte $\vec{R}_A$ und $\vec{R}_B$. Diese Reibungskräfte werden bezüglich der Aufgabenstellung nicht berücksichtigt.

Die entsprechenden Vektoren sehen folgendermaßen aus:

Normalkraft $\vec{N}_W = \begin{pmatrix} N * \sin\varphi_K \\ -N * \cos\varphi_K \\ 0 \end{pmatrix}$

Reibungskraft $\vec{R}_W = \begin{pmatrix} R * \cos\varphi_K \\ R * \sin\varphi_K \\ 0 \end{pmatrix}$

Gewichtskraft $\vec{G}_K = \begin{pmatrix} 0 \\ -m_k * g \\ 0 \end{pmatrix}$

Da die Reibungskraft R proportional zur Normalkraft N ist, resultiert:

$$R = \mu_R * N * \text{sgn}(\dot{\varphi}_K)$$

μ_R ist der Rollreibungskoeffizient

sgn ordnet der Geschwindigkeit $\dot{\varphi}_K$ sein Vorzeichen zu (siehe 3.1).

3.3 Impulssatz

Sowohl für die Kugel als auch für den Wagen muss zunächst die Schwerpunktbeschleunigung ausgerechnet werden. Diese ist hinsichtlich der Aufgabenstellung bereits gegeben.

Kugel: $\vec{a}_s = \begin{pmatrix} \ddot{x}_w + r\ddot{\varphi}_K \cos\varphi_K - r\dot{\varphi}^2{}_K \sin\varphi_K \\ r\ddot{\varphi}_K \sin\varphi_K + r\dot{\varphi}^2{}_K \cos\varphi_K \\ 0 \end{pmatrix}$ [6]

Wagen: $\vec{a}_W = \begin{pmatrix} \ddot{x}_W \\ 0 \\ 0 \end{pmatrix}$ [7]

$\ddot{x}_W$ ist dabei die Beschleunigung des Wagens

$\ddot{\varphi}_K$ ist die Beschleunigung des Winkels.

---

[6] Wegmann, F: Manuskript Kinematik und Kinetik, Kapitel 2.4, *Systeme aus mehreren Massepunkten.* S.29.
[7] Wegmann, F: Manuskript Kinematik und Kinetik, Kapitel 2.4, *Systeme aus mehreren Massepunkten.* S.29.

Dann muss für jede Masse der Impulssatz aufgestellt werden. Der Impuls(-erhaltungs)satz besagt, dass die Summe der Impulse in einem abgeschlossenen System konstant ist. Die Änderung des Impulses p ist gleich der auf einen Körper wirkenden äußeren Kraft F. Die Masse der Kugel und des Wagens ist dabei konstant. [8]

$$\sum_i \vec{F}_i = \dot{p} = m * \vec{a}$$ [9]

Impulssatz Kugel:

$$\sum_i \vec{F}_i = m_K * \vec{a}_s$$

$$\vec{R}_K + \vec{N}_K + \vec{G}_K = m_K * \vec{a}$$

$$\begin{pmatrix} -\mu_R * N * \text{sgn}(\dot{\varphi}_K) * \cos\varphi_K - N\sin\varphi_K \\ -\mu_R * N * \text{sgn}(\dot{\varphi}_K) * \sin\varphi_K + N\cos\varphi_K - m_K * g \\ 0 \end{pmatrix} = m_K * \begin{pmatrix} \ddot{x}_W + r\ddot{\varphi}_K \cos\varphi_K - r\dot{\varphi}^2{}_K \sin\varphi_K \\ r\ddot{\varphi}_K \sin\varphi_K + r\dot{\varphi}^2{}_K \cos\varphi_K \\ 0 \end{pmatrix}$$

Impulssatz Wagen:

$$\sum_i \vec{F}_i = m_W * \vec{a}_W$$

$$\vec{G}_W + \vec{A} + \vec{B} + \vec{N}_W + \vec{R}_W = m_W * \vec{a}_W$$

$$\begin{pmatrix} 0 \\ -m_w * g \\ 0 \end{pmatrix} + \begin{pmatrix} 0 \\ A \\ 0 \end{pmatrix} + \begin{pmatrix} 0 \\ B \\ 0 \end{pmatrix} + \begin{pmatrix} N\sin\varphi_K \\ -N\cos\varphi_K \\ 0 \end{pmatrix} + \begin{pmatrix} \mu_R * N * \text{sgn}(\varphi_K) * \cos\varphi_K \\ \mu_R * N * \text{sgn}(\varphi_K) * \sin\varphi_K \\ 0 \end{pmatrix} = m_W * \begin{pmatrix} \ddot{x}_W \\ 0 \\ 0 \end{pmatrix}$$

---

[8] Rybach, J: *Physik für Bachelors*. 2. Auflage. München: Carl Hanser Verlag, 2010. S 32.

[9] Rybach, J: *Physik für Bachelors*. 2. Auflage. München: Carl Hanser Verlag, 2010. S 32.

Aus den Vektorgleichungen der Kugel und des Wagens ergibt sich:

1. $-\mu_R * N * \operatorname{sgn}(\dot{\varphi}_K) * \cos\varphi_K - N\sin(\varphi_K) = m_K * (\ddot{x}_W + r\ddot{\varphi}_K * \cos\varphi_K - r\dot{\varphi}^2{}_K\sin\varphi_K)$

2. $-\mu_R * N * \operatorname{sgn}(\dot{\varphi}_K) * \sin\varphi_K + N\cos\varphi_K - m_K * g = m_K * (r\ddot{\varphi}_K\sin\varphi_K + r\dot{\varphi}^2{}_K\cos\varphi_K)$

3. $N\sin\varphi_K + \mu_R * N\operatorname{sgn}(\dot{\varphi}_K) * \cos\varphi_K = m_W * \ddot{x}_W$

Da diese Systemgleichungen analytisch nicht lösbar sind, werden sie als Matrix in Matlab eingegeben, um die Unbekannten N, $\ddot{\varphi}_K$ und $\ddot{x}_W$ zu berechnen und das *Kugel-Wagen-System* zu simulieren.

4. Lösen der Systemgleichungen

4.1 Matrixaufstellung

Für die Matrixaufstellung ist eine Umstellung der drei Gleichungen nötig, so dass sich die Unbekannten N, $\ddot{x}_W$, $\ddot{\varphi}_K$ auf einer Seite befinden:

1. $(-\mu_R * \operatorname{sgn}(\dot{\varphi}_K) * \cos\varphi_K - \sin\varphi_K) * N - m_K * \ddot{x}_W - m_K r\cos\varphi_K * \ddot{\varphi}_K = -m_K r\dot{\varphi}^2{}_K\sin\varphi_K$

2. $(-\mu_R * \operatorname{sgn}(\dot{\varphi}_K) * \sin\varphi_K + \cos\varphi_K) * N - m_K r\sin\varphi_K * \ddot{\varphi}_K = m_K * g + m_K r\dot{\varphi}^2{}_K\cos\varphi_K$

3. $(\sin\varphi_K + \mu_R * \operatorname{sgn}(\dot{\varphi}_K) * \cos\varphi_K) * N - m_W * \ddot{x}_W = 0$

Die Matrixaufstellung erfolgt nach dem Schema:

$$\boxed{A * \vec{q} = \vec{b}}$$

A heißt Koeffizientenmatrix (ohne Unbekannte). Der Vektor q besteht aus den Unbekannten und b ist der Ergebnisvektor der drei Systemgleichungen:

$$\begin{pmatrix} -\mu_R\operatorname{sgn}(\dot{\varphi}_K) * \cos\varphi_K - \sin\varphi_K & -m_K & -m_K r\cos(\varphi_K) \\ -\mu_R\operatorname{sgn}(\dot{\varphi}_K) * \sin\varphi_K + \cos\varphi_K & 0 & -m_K r\sin\varphi_K \\ \sin\varphi_K + \mu_R * \operatorname{sgn}(\dot{\varphi}_K) * \cos(\varphi_K) & -m_W & 0 \end{pmatrix} * \begin{pmatrix} N \\ \ddot{x}_W \\ \ddot{\varphi}_K \end{pmatrix} = \begin{pmatrix} -m_K r\dot{\varphi}^2{}_K\sin(\varphi_K) \\ m_K g + m_K r\dot{\varphi}^2{}_K\cos(\varphi_K) \\ 0 \end{pmatrix}$$

4.2 Eingabebefehl in Matlab

Da es sich bei dieser Koeffizientenmatrix um eine reguläre Matrix mit maximalem Spaltenrang handelt, gibt es zu ihr eine inverse Matrix. Diese ergibt durch Multiplikation mit derselben Matrix eine Einheitsmatrix.[10]

$$\vec{q} = A^{-1} * \vec{b}$$

Eine inverse Matrix wird auf Matlab mit *inv* gekennzeichnet:

$$\vec{q} = inv(A) * \vec{b}$$

Die folgenden Eingabebefehle werden im Editor des Matlab-Programmes eingegeben und als *DMWagen2.m-Datei* gespeichert:

Der Vektor mit den Unbekannten:

N = q(1)
x_W_dd = q(2)
phi_K_dd = q(3)

Der Ergebnisvektor:

b = zeros(3,1)
b(1,1) = -mK*R*phi_K_d^2*sin(phi_K)
b(2,1) = mK*g+mK*R*phi_K_d^2*cos(phi_K)

[10] Richter, G: *Matrizen: Anwendung in Matlab,* unter: http://www.mp.haw-hamburg.de/pers/GRichter/Skripte%20Richter%20Matlab1/M_Kap05_MatrixAnw.pdf, S.17 (Stand: 15.07.2014).

Der Koeffizientenvektor:

A = zeros(3,3)

A(1,1) = -mu_R*sign(phi_K_d)*cos(phi_K)-sin(phi_K)

A(1,2) = -mK

A(1,3) = -mK*R*cos(phi_K)

A(2,1) = -mu_R*sign(phi_K_d)*sin(phi_K)+cos(phi_K)

A(2,2) = 0

A(2,3) = -mK*R*sin(phi_K)

A(3,1) = sin(phi_K)+mu_R*sign(phi_K_d)*cos(phi_K)

A(3,2) = -mW

R entspricht r, also der Länge der Strecke AB.

Die Zahlen in der Klammer hinter der Vektorbezeichnung beschreiben die Postionen der einzelnen Elemente in der Matrix bzw. im Vektor. Die erste Zahl in der Klammer gibt die Position bezüglich Spalte und die zweite Zahl die Position bezüglich Zeile an.

Der Befehl *zeros* zeigt dem Matlab-Programm, dass das Element der jeweiligen Position den Wert 0 annimmt.

Der Aufruf dieser Datei erfolgt durch die *DMWagen_Haupt-Datei,* ebenfalls im Editor des Matlab-Programmes vorhanden. Diese enthält die Anfangsbedingungen der Simulation, die Umrechnungsbedingungen, den Integratorbefehl und die Bezeichnung der Diagramme, die das Programm aufrufen soll.

5. Ergebnis

5.1 Vergleich Simulation mit und ohne Reibungskräfte

Der Weg x_W und die Geschwindigkeit $\dot{x}_W$ des Wagens, der Winkel φ_K und die Winkelgeschwindigkeit $\dot{\varphi}_K$ der Kugel werden graphisch über der Zeit (x-Achse) dargestellt, mit und ohne Reibungskräfte. Die Zeitspanne wird zwischen $t_0=0s$ und $t_{end}=10s$ gewählt. Eine größere Zeitspanne ist in diesem Fall nicht sinnvoll, da das Matlab-Programm bei den gegebenen Intergratoreinstellungen (Toleranzeinstellungen) durch die Dämpfung die Ergebnisse nicht mehr anschaulich simulieren kann.

Für die Koeffizienten gilt:

R = 1 (m)

$g = 9.81 \left(\dfrac{m}{s^2} \right)$

m_w = 5 (kg)

m_k = 2 (kg)

μ_R = 0.01 (typischer Wert für die Rollreibung)

Für die Anfangsbedingungen gilt:

t_0 = 0 (s)

t_{end} = 10 (s)

x_{w0} = 0 (mm)

$\dot{x}_{w0} = 0.0 \left(\dfrac{m}{s} \right)$

φ_{k0} = 20 (Grad)

$\dot{\varphi}_{k0} = 0 \left(\dfrac{rad}{s} \right)$

Da es sich bei den folgenden Simulationen um Vorgänge handelt, bei denen eine periodische Änderung von physikalischen Größen bezüglich des Mittelwertes vorkommt, bezeichnet man diese graphischen Darstellungen auch als Schwingungen.

Simulation Funktion $x_w(t)$:

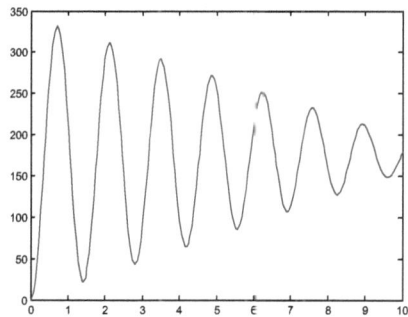

Abbildung 5 Simulation mit Reibung

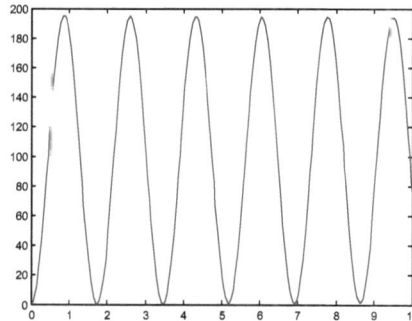

Abbildung 6 Simulation ohne Reibung

13

Durch die Reibungskräfte, die auf den Wagen wirken, verringert sich der zurückgelegte Weg x_w zunehmend. In der Darstellung wird diese Dämpfung durch die immer kleiner werdende Amplitude ersichtlich. Im Vergleich dazu zeigt die Darstellung mit Matlab ohne Reibungskräfte keine Dämpfung des Weges auf. Zudem zeigt sich in der linken Darstellung eine kleinere Periodendauer im Vergleich zur rechten Darstellung auf.

Simulation Funktion $\varphi_K(t)$:

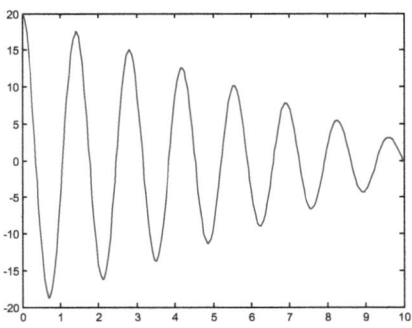 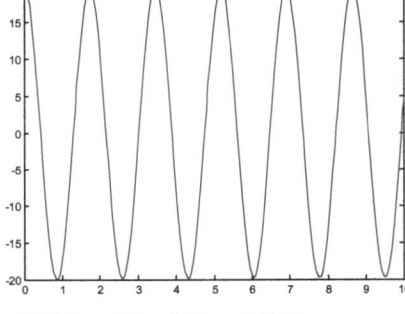

Abbildung 7 Simulation ohne Reibung   **Abbildung 8 Simulation mit Reibung**

Der Ausschlag des Winkels über der Zeit bzw. die entsprechende Amplitude zeigt durch die Reibungskräfte eine Dämpfung auf. Die Simulation des Winkelausschlags ohne Reibungskräfte zeigt hingegen keine Verringerung der Amplitude auf. Auch hier wird eine kleinere Periodendauer bei der Simulation mit Reibung ersichtlich.

Simulation Funktion $\dot{x}_W(t)$:

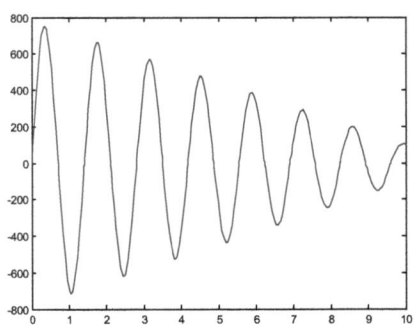

Abbildung 9 Simulation mit Reibung   **Abbildung 10 Simulation ohne Reibung**

14

Die Geschwindigkeit des Wagens $\dot{x}_W$ verringert sich über der Zeit t bei Berücksichtigung der auf den Wagen wirkenden Reibungskräfte (Verkleinerung der Amplitude). Bei Nichtberücksichtigung diese Reibungskräfte zeigt das Diagramm keine Dämpfung beziehungsweise Verringerung der Geschwindigkeit auf.

Simulation Funktion $\dot{\varphi}_K(t)$:

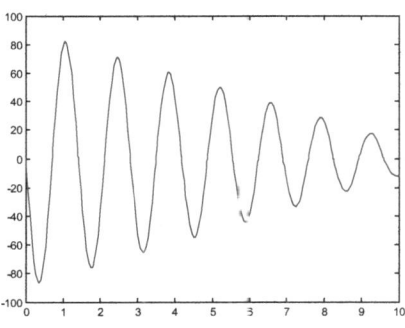

Abbildung 11 Simulation mit Reibung

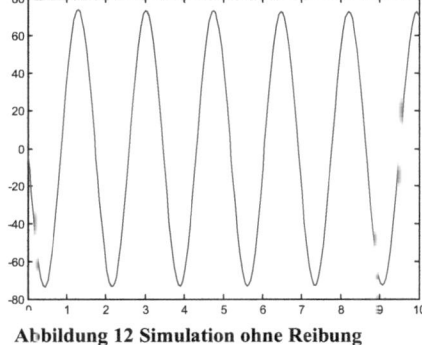

Abbildung 12 Simulation ohne Reibung

Die Winkelgeschwindigkeit $\dot{\varphi}_K$ wird durch die Reibung im Vergleich bei Nichtberücksichtigung der Reibungskräfte ebenfalls reduziert. In der linken Darstellung wird demnach eine zunehmende Verkleinerung der Amplitude ersichtlich. Bei der Darstellung der Geschwindigkeit von Kugel und Wagen zeigt sich jeweils im Vergleich zur ungedämpften Darstellung eine verkürzte Periodendauer auf.

Durch Variierung der Koeffizienten Masse und Reibung lässt sich folgern, dass mit zunehmendem Reibungskoeffizienten die Dämpfung größer und mit zunehmender Masse die Dämpfung geringer wird.

Grundsätzlich gibt es zwei verschiedene Arten von Schwingungen. Die gedämpfte Schwingung ist im Gegensatz zur ungedämpften Schwingung nicht reibungsfrei. Beide Schwingungen gehören zur Gruppe der freien Schwingungen, da keine äußeren Kräfte auf das *Kugel-Wagen-System* wirken.

Das *Kugel-Wagen-System* kann seinen Bewegungszustand (zurückgelegter Weg, Geschwindigkeit) nicht beibehalten, da durch die Oberflächenbeschaffenheit (Rauheit) der Berührungsfläche zwischen Kugel und Wagen eine (Roll-)Reibungskraft entsteht.

Das Ergebnis dieser Arbeit macht deutlich, dass für Simulationen die Berücksichtigung aller Kräfte Voraussetzung ist für die Erstellung eines realistischen Modells. Da beim *Kugel-Wagen-System* zwei Massekörper vorhanden sind, die sich an ihren Grenzflächen berühren, müssen die dadurch entstehenden Reibungskräfte ebenfalls beachtet werden. Die Reibung führt zu einer Hemmung der Bewegungen innerhalb des *Kugel-Wagen-Systems* und zu einem Verlust der kinetischen Energie, ersichtlich durch das Abklingen der Amplituden im Modell. Für eine geringere Reibung kann entweder eine Kugel und/ oder ein Wagen mit einer größeren Masse verwendet werden, die Reibungszahl verkleinert oder die Oberflächenbeschaffenheit von Kugel und Wagen an den Berührungsflächen verbessert werden.

6. Literaturverzeichnis

- Kutzner, Rüdiger und Schoof, Sönke: *Matlab/ Simulink- Eine Einführung.* 5. Auflage. Leibniz Universität Hannover, Dezember 2012.
- Rybach, J: *Physik für Bachelors.* 2. Auflage. München: Carl Hanser Verlag, 2010.
- Wegmann, F: Skript Kinematik und Kinetik, Kapitel 2.4, *Systeme aus mehreren Massepunkten.*
- Wegmann, F: Skript Kinematik und Kinetik, Kapitel 2.4, *Systeme aus mehreren Massepunkten.*

BEI GRIN MACHT SICH IHR WISSEN BEZAHLT

- Wir veröffentlichen Ihre Hausarbeit,
  Bachelor- und Masterarbeit

- Ihr eigenes eBook und Buch -
  weltweit in allen wichtigen Shops

- Verdienen Sie an jedem Verkauf

Jetzt bei www.GRIN.com hochladen und kostenlos publizieren